BEI GRIN MACHT SICH IHR WISSEN BEZAHLT

- Wir veröffentlichen Ihre Hausarbeit,
  Bachelor- und Masterarbeit

- Ihr eigenes eBook und Buch -
  weltweit in allen wichtigen Shops

- Verdienen Sie an jedem Verkauf

Jetzt bei www.GRIN.com hochladen und kostenlos publizieren

Bibliografische Information der Deutschen Nationalbibliothek:

Die Deutsche Bibliothek verzeichnet diese Publikation in der Deutschen National-
bibliografie; detaillierte bibliografische Daten sind im Internet über http://dnb.d-
nb.de/ abrufbar.

Dieses Werk sowie alle darin enthaltenen einzelnen Beiträge und Abbildungen
sind urheberrechtlich geschützt. Jede Verwertung, die nicht ausdrücklich vom
Urheberrechtsschutz zugelassen ist, bedarf der vorherigen Zustimmung des Verla-
ges. Das gilt insbesondere für Vervielfältigungen, Bearbeitungen, Übersetzungen,
Mikroverfilmungen, Auswertungen durch Datenbanken und für die Einspeicherung
und Verarbeitung in elektronische Systeme. Alle Rechte, auch die des auszugsweisen
Nachdrucks, der fotomechanischen Wiedergabe (einschließlich Mikrokopie) sowie
der Auswertung durch Datenbanken oder ähnliche Einrichtungen, vorbehalten.

Impressum:

Copyright © 2002 GRIN Verlag, Open Publishing GmbH
Druck und Bindung: Books on Demand GmbH, Norderstedt Germany
ISBN: 9783656560869

Dieses Buch bei GRIN:

http://www.grin.com/de/e-book/13744/die-eigenschaften-von-manganverbindungen

Patricia Zimmermann

Die Eigenschaften von Manganverbindungen

GRIN Verlag

GRIN - Your knowledge has value

Der GRIN Verlag publiziert seit 1998 wissenschaftliche Arbeiten von Studenten, Hochschullehrern und anderen Akademikern als eBook und gedrucktes Buch. Die Verlagswebsite www.grin.com ist die ideale Plattform zur Veröffentlichung von Hausarbeiten, Abschlussarbeiten, wissenschaftlichen Aufsätzen, Dissertationen und Fachbüchern.

Besuchen Sie uns im Internet:

http://www.grin.com/

http://www.facebook.com/grincom

http://www.twitter.com/grin_com

Mangan

Demonstrationskurs WS 2001/02

Chemisches Institut der Universität Heidelberg

März 2002

von

Patricia Zimmermann

Inhaltsverzeichnis

1 Wichtige Daten zu Mangan

Symbol: Mn
Ordnungszahl: 25
relative Atommasse: 54,938
Elektronenkonfiguration: [Ar] $3d^5 4s^2$

1.1 Vorkommen

Mangan ist in der Natur recht verbreitet. Es hat ungefähr 0,09% Anteil am Aufbau der festen Erdrinde. Damit ist es ebenso häufig vertreten wie etwa der Kohlenstoff oder Phosphor. Nach Eisen und Titan ist Mangan das dritthäufigste Übergangselement.
Natürlich vorkommendes Mangan findet man meist als Oxidverbindungen, wie zum Beispiel Braunstein (MnO_2), Braunit (Mn_2O_3), oder Hausmannit (Mn_3O_4). Meist finden sich diese Erze in Gesellschaft von Eisenerzen. Reiche Lagerstätten liegen an der Ostküste des Schwarzen Meeres, in Indien, in Brasilien, in Australien in China und in Südafrika.
Große Mengen von Mangan finden sich in der Tiefsee, in den Manganknollen, die 15-20% Mangan, ferner Eisen und kleinere Mengen Cobalt, Nickel und Kupfer enthalten.

Doch auch für uns Menschen ist Mangan wichtig! Es ist ein essentielles Spurenelement, das in allen lebenden Zellen vorkommt. Der menschliche Körper enthält 0,3 mg pro kg (Zelle und Knochen) und sollte mindestens 3 mg Mangan aufnehmen (Vollkornprodukte, Nüsse, Keimlinge, Kakao). Mangan ist in vielen Enzymen enthalten und z.B. zum Aufbau von Cholesterin beteiligt.
Manganmangel ruft unter anderem Sterilität hervor.
Manganüberschuß führt zur Reizung der Atemwege, der Haut und schließlich zu Schädigungen des Nervensystems, mit Sprach- und Bewegungsstörungen (=Manganismus) Pflanzen benötigen Mangan bei der Photosynthese. Manganmangel bewirkt hier eine Minderung des Wachstums.

1.2 Darstellung

Die beste technische Darstellungsmethode ist die Elektrolyse von Mangansulfat ($MnSO_4$)-Lösungen mit Kathoden aus rostfreiem Stahl:
$$MnSO_4 + H_2O \rightarrow Mn + H_2SO_4 + \frac{1}{2} O_2$$
Allerdings kann man es auch aluminothermisch gewinnen, also durch Reduktion von Manganoxiden:
$$3\ MnO_2 + 4\ Al \rightarrow 2\ Al_2O_3 + 3\ Mn$$
Da das reine Metall nur selten benötigt wird, sind beide Verfahren kaum von Bedeutung.

1.3 Physikalische Eigenschaften

Mangan existiert in vier verschiedenen Modifikationen (α, β, γ, δ-Mangan), von denen das α-Mangan bei Raumtemperatur die stabile Form ist. Es ist silbergrau, hart und sehr spröde und ähnelt dem Eisen. Schmelzpunkt: 1244°C. Siedepunkt: 2030°C. Dichte 7,44 g/cm^3.

1.4 Chemische Eigenschaften

In kompakter Form wird Mangan von Sauerstoff nur an der Oberfläche angegriffen. In fein verteilter Form, reagiert es mit Luft unter Feuererscheinung zu Hausmannit (Mn_3O_4). Mangan ist bei Raumtemperatur gegenüber Nichtmetallen relativ inert, wobei es sich bei höheren Temperaturen heftig mit ihnen umsetzt.

Mangan steht in der Spannungsreihe oberhalb des Wasserstoffs, ist also ein unedles Metall und wird daher von Säuren, langsam auch schon von Wasser, unter Wasserstoffentwicklung angegriffen.. Es entsteht keine passivierende Oxidhaut.

1.5 Verwendung von Mangan

Mangan hat nur in Verbindung mit anderen Elementen größere praktische Bedeutung. Es dient vor allem als Legierungsmittel zusammen mit Eisen ($\Rightarrow$*Ferromangan*)

1.6 Manganverbindungen

In Manganverbindungen sind die Oxidationsstufen von -3 bis +7 bekannt. Von Bedeutung sind aber nur die Oxidationsstufen +2 (Mn^{2+}), +4 (MnO_2) und +7 ($KMnO_4$).

2 Mangan(II)

2.1 Charakteristika

Mangan(II)-Verbindungen sind sehr stabil, da sie mit der halbgefüllten 3d-Unterschale eine günstige Elektronenkonfiguration besitzen. Mn^{2+}-Ionen bilden mit den meisten wichtigeren Anionen beständige Salze, die meist leicht löslich sind. Bekannte Verbindungen sind $MnCl_2$, $MnSO_4$ und MnO.

Hydratisierte Mn^{2+}-Ionen liegen in wäßrigen Lösungen als oktaedrische Hexakomplexe vor und zeigen nur eine schwache Farbung, da im 3d^5-Zustand d-d-Übergänge kaum stattfinden.

2.1.1 Bromat-Malonsäure-Oszillationsprozeß, katalysiert durch Mn^{2+}-Ionen

Geräte:
1-l-Becherglas, Magnetrührer,

Chemikalien:
9 g Malonsäure [$CH_2(COOH)_2$], 8 g $KBrO_3$, 1,8 g $MnSO_4$, konz. H_2SO_4

Durchführung:

5

750 ml destilliertes Wasser werden in ein Becherglas gegeben. Unter Rühren gibt man vorsichtig 75 ml konz. Schwefelsäure hinzu und läßt auf Raumtemperatur abkühlen. Dann versetzt man die Lösung mit 9 g Malonsäure. Nach vollständiger Auflösung gibt man 8 g Kaliumbromat hinzu und wartet wieder bis zur vollständigen Auflösung. Danach gibt man unter ständigen Rühren 1,8 g Mangansulfat zu der klaren Lösung.

Beobachtung:
Nach dem Zusatz des Mangansulfats ist die Lösung orange, um anschließend wieder langsam farblos zu werden. Die Farbe der Lösung wechselt dann einige Minuten zwischen Orange und Farblos hin und her.

Auswertung und Interpretation:
Die Reaktion startet mit der Reduktion des Kaliumbromates mittels der Malonsäure und Mangansulfat zu elementarem Brom, welches die orange Färbung ausmacht. Die Reaktion des Broms mit der Malonsäure zu Mono- bzw. Dibrommalonsäure führt zur Entfärbung. Gleichzeitig wird durch den ersten Redoxprozeß Brom nachgebildet, das dann erneut ein oder zwei H-Atome der Malonsäure substituiert. Durch Komplexbildung der bromierten Malonsäure mit Mn_2^+-Ionen wird die Startreaktion inhibiert, was allmählich den Oszillationsvorgang beendet.

2.1.2 Fällung von MnS

Geräte:
2 kleine Bechergläser, Glasstab
Chemikalien:
1 Spatelspitze $MnSO_4$, 1 Spatelspitze Na_2S, H_2O_2
Durchführung:
Eine Mangansulfat-Lösung wird unter Rühren mit einer Natriumsulfid-Lösung versetzt.
Beobachtung:
Ein fleischfarbener Niederschlag fällt aus.
Auswertung und Interpretation:
Die Mangan-Ionen bilden mit den Sulfid-Ionen das wasserunlösliche Mangansulfid.
$$Mn^{2+} + S^{2-} \rightarrow MnS$$
Entsorgung:
Zu dem Niederschlag von Mangansulfid gibt man einige Tropfen Wasserstoffperoxid, bis sich der Niederschlag aufgelöst hat. Das Wasserstoffperoxid oxidiert das Sulfid zu Sulfat.
$$4 H_2O_2 \rightarrow 4 H_2O + 4 O$$
$$MnS + 4 O \rightarrow Mn^{2+} + SO_4^{2-}$$

2.1.3 Fällung von Mn(OH)₂

Geräte:
kleines Becherglas, Tropfpipette
Chemikalien:
1g $MnSO_4$ gelöst in 100 ml H_2O, 1N NaOH
Durchführung:
Zu einer Mangansulfat-Lösung gibt man ein paar Tropfen Natronlauge.
Beobachtung:
Ein heller Niederschlag fällt aus.
Auswertung und Interpretation:
Die Hydroxid-Ionen bilden mit den Mangan-Ionen das weiße wasserfeste Manganhydroxid.

$$Mn^{2+} + OH^- \rightarrow Mn(OH)_2$$

2.1.4 Oxidation von Mn(II) zu Mn(IV)

Geräte:
2 kleine Bechergläser, Glasstab, Tropfpipette
Chemikalien:
Mn(OH)$_2$ [aus dem Versuch *2.1.3. Fällung von Mn(OH)$_2$*], 3%iges H$_2$O$_2$,
Durchführung:
Die Lösung mit dem frisch gefällten Manganhydroxid wird auf zwei kleine Bechergläser
aufgeteilt. Das erste Becherglas läßt man an der Luft stehen. Gegebenenfalls rührt man es um.
Zu der Lösung in dem zweiten Becherglas gibt man ein paar Tropfen Wasserstoffperoxid.
Beobachtung:
In dem ersten Becherglas färbt sich der Niederschlag hellbraun, das mit der Zeit dunkler wird.
In dem zweiten Becherglas erfolgt sofort eine tief dunkle Braunfärbung.
Auswertung und Interpretation:
Das weiße Manganhydroxid nur bei Abwesenheit von Oxidationsmitteln beständig. Läßt man
es an der Luft stehen, wie es in dem ersten Becherglas geschehen ist, so wird es zu braunen
manganigen Säure (MnO(OH)$_2$ = H$_2$MnO$_3$) oxidiert.

$$Mn(OH)_2 + \tfrac{1}{2} O_2 \rightarrow H_2MnO_3$$

Aus der manganigen Säure und dem Manganhydroxid, das sich in diesem Falle nicht ganz
umgesetzt hat, bilden sich Manganite:

$$H_2MnO_3 + Mn(OH)_2 \rightarrow MnMnO_3$$

In dem zweiten Becherglas wurde die Reaktion durch das Oxidationsmittel
Wasserstoffperoxid stark beschleunigt und nahezu komplett umgesetzt:

$$Mn(OH)_2 + H_2O_2 \rightarrow MnO(OH)_2 + H_2O$$

3 Mangan(III)

3.1 Charakteristika

Mangan(III)-Verbindungen sind recht unbeständig und werden leicht reduziert. Sie
disproportionieren in wäßriger Lösung zu Mn(II) und Mn(IV).

$$2\ Mn^{3+} + 6\ H_2O \rightarrow Mn^{2+} + MnO_2 + 4\ H_3O^+$$

Mangan(III) wirkt stark oxidierend; es vermag sogar H$_2$O$_2$ zu Sauerstoff zu oxidieren.
Mangan(III)-Verbindungen treten in verschiedenen Farben auf. In Festkörpern wie Braunit
(Mn$_2$O$_3$) oder Hausmannit (Mn$_3$O$_4$) sind Mn^{3+}-Ionen stabil.

3.1.1 Synproportionierung von Mn(II) und Mn(IV) zu Mn(III)

Geräte:
kleines Becherglas, Tropfpipette
Chemikalien:
MnO(OH)$_2$ im Gemisch mit Mn(OH)$_2$ aus dem *Versuch 2.1.4.Oxidation von Mn(II) zu
Mn(IV)* , verd. H$_3$PO$_4$
Durchführung:

Zu dem leicht braunen Niederschlag von manganiger Säure im Gemisch mit Manganhydroxid aus dem Versuch *2.1.4.* gibt man ein paar Tropfen verdünnter Phosphorsäure. Gegebenenfalls erwärmt man ein wenig.

Beobachtung:
Der Niederschlag löst sich. Die Lösung färbt sich rot-violett

Auswertung und Interpretation:
In saurer Lösung synproportionieren die Mn(II), und Mn(IV)-Ionen zu Mn(III). Da in diesem Versuch Phosphorsäure benutzt wird, bildet sich das stabile, rot-violette Mn(III)-phosphat.

$$MnO(OH)_2 + Mn(OH)_2 + 2\ H_3PO_4 \rightarrow 2\ MnPO_4 + 5\ H_2O$$

Da sich aus der manganigen Säure und dem Manganhydroxid vor allem auch Manganmanganite gebildet haben, bilden sich auch daraus Mn(III) Ionen:

$$Mn(MnO_3) + H_3PO_4 \rightarrow 2\ MnPO_4 + 3\ H_2O$$

4 Mangan(IV)

4.1 Charakteristika

Die wichtigste Verbindung dieser Stufe ist der Braunstein, ein grauschwarzer Festkörper, der sich nur gering in Wasser löst.
Gegenüber den meisten Säuren ist Braunstein ziemlich inert. Erst beim Erhitzen wirkt es als Oxidationsmittel. MnO_2 dient als Ausgangsstoff für andere Oxidationsstufen.
Im Labor benutzt man Braunstein oft zu Gewinnung von elementaren Chlor und Sauerstoff (Versuch 2.3.2.2.)
Braunstein findet Verwendung in Trockenbatterien (Leclanche´-Element), wo es zusammen mit Graphit die Kathode bildet.
Braunstein wird auch als „Glasmacherseife" bezeichnet, da es bei der Glasherstellung oxidativ Verunreinigungen aus der Glasschmelze „herauswäschst".

4.1.1 Erhitzen von Braunstein

Geräte:
Schwer schmelzbares Reagenzglas, Reagenzglashalter, Bunsenbrenner
Chemikalien:
MnO_2, Glimmspan
Durchführung:
2 Spatel Braunstein werden in ein schwer schmelzbares Reagenzglas gegeben. Das Reagenzglas wird über den Bunsenbrenner gehalten, so, daß sich die Flamme direkt unter der Braunsteinfüllung befindet. Es wird kräftig erhitzt. Mit dem Glimmspan wird der entweichende Sauerstoff nachgewiesen.
Beobachtung:
Am Glimmspan entfacht (explosionsartig) eine Flamme.
Auswertung und Interpretation:
Braunstein ist ein Oxidationsmittel, das beim kräftigen Erhitzen einen Teil seines Sauerstoffs abgibt. Die Sauerstoffabgabe verläuft stufenweise.

$$2\ MnO_2 \rightarrow Mn_2O_3 + \tfrac{1}{2}\ O_2 \quad \text{bei} > 500°C$$
$$3\ Mn_2O_3 \rightarrow 2\ Mn_3O_4 + \tfrac{1}{2}\ O_2 \quad \text{bei starker Glühhitze setzt sich die Sauerstoffabspaltung}$$
fort.

4.1.2 Braunstein als Katalysator

Geräte:
Reagenzglas, Tropfpipette
Chemikalien:
MnO_2, 30%iges H_2O_2, Glimmspan

Durchführung:
In ein Reagenzglas wird eine kleine Spatelspitze Braunstein gegeben. Dann werden ein paar Tropfen Wasserstoffperoxid hinzu gegeben. Vorsicht! Nicht zu viel, da die Reaktion sehr heftig ist. Mit dem Glimmspan wird **sofort** der entweichende Sauerstoff nachgewiesen.
Beobachtung:
Am Glimmspan entfacht eine Flamme.
Auswertung und Interpretation:
Die Zersetzungsgeschwindigkeit von Wasserstoffperoxid bei Zimmertemperatur ist sehr klein.

$$2\ H_2O_2 \rightarrow 2\ H_2O + O_2\quad + 46,2\ kcal$$

Durch Zugabe von Braunstein als Katalysator erfolgt eine starke Beschleunigung der Zersetzungsgeschwindigkeit.

4.1.3 Oxidierende Wirkung von Braunstein auf HCl (Weldon Prozeß)

Geräte:
kleiner Erlenmeyerkolben, doppelt gebogenes Glasrohr, einfach durchbohrter Gummistopfen, Reagenzglas, Stativ mit 2 Klemme, Indikatorpapier, Dreifuß, Bunsenbrenner, Tropfpipette
Chemikalien:
MnO_2, konz. HCl, KI
Durchführung:
In den Erlenmeyerkolben gibt man etwas Braunstein. Den Kolben stellt man auf einen Dreifuß und befestigt ihn mit einer Klemme am Stativ. In ein Reagenzglas gibt man eine Kaliumiodid-Lösung und befestigt es mit der zweiten Klemme am Stativ. Das doppelt gebogene Glasrohr steckt man mit dem einen Ende in den Stopfen, das andere Ende in die Kaliumiodid-Lösung. Nun tropft man konz. Salzsäure auf den Braunstein und steckt den Stopfen auf den Erlenmeyerkolben. Dann erwärmt man den Braunstein mit der HCl.
Beobachtung:
Gas strömt aus dem Erlenmeyerkolben über das Glasrohr in die Iodid-Lösung, was man an den Gasblasen erkennt. Anfangs bleibt die Iodid-Lösung klar, doch nach ein paar Sekunden färbt sie sich braun.
Hält man ein feuchtes Indikatorpapier in das Gas, färbt es sich zunächst rot und dann bleicht es aus.
Auswertung und Interpretation:
Zuerst entweicht HCl-Gas, was die Iodid-Lösung nicht entfärbt. Dann entsteht Chlor durch die Reaktion des Braunsteins mit dem Chlorid:

$$MnO_2 + 4\ HCl \rightarrow MnCl_2 + Cl_2 + 2\ H_2O$$

Das entstehende Chlor oxidiert die Iodid-Ionen zu Iod und reduzieren selbst zu Chlorid-Ionen.

$$2\ KI + Cl_2 \rightarrow 2\ KI + I_2$$

Entsorgung:
Das Iod reduziert man mit Thiosulfat.

5 Mangan(V)

5.1 Charakteristika

Die Oxidationsstufe +V ist sehr unbeständig und nur in der Kälte und im stark alkalischen Milieu als Hypomanganat (MnO_4^{3-}), in Form von Natriumhypomanganat (Na_3MnO_4), existent. Mn(V)-Verbindungen sind blau gefärbt.

6 Mangan(VI)

6.1 Charakteristika

Das tiefgrüne Manganat ist im alkalischen beständig und dient als Ausgang für die elektrolytische Darstellung von Permanganat. In neutraler oder saurer Lösung disproportioniert es in MnO_4^- und MnO_2, weshalb man es als mineralisches Chamäleon bezeichnet. (Versuch 2.6.1)

7 Mangan(VII)

7.1 Charakteristika

Die einzige beständige Mn(VII)-Verbindung ist das tiefviolette Permanganat. Es ist ein starkes Oxidationsmittel Im Labor dient es zur Herstellung kleiner Mengen O_2.
In wäßrigen Lösungen ist die Oxidationskraft stark pH abhängig (Versuch 2.6.1.1.)

$$MnO_4^- + 8\ H_3O^+ + 5\ e^- \rightarrow Mn^{2+} + 12\ H_2O \quad E_0 = 1,51\ V$$
$$MnO_4^- + 2\ H_2O + 3\ e^- \rightarrow MnO_2 + 4\ OH^- \quad E_0 = 1,23\ V$$
$$MnO_4^- + e^- \rightarrow MnO_4^{2-} \quad E_0 = 0,6\ V$$

Permanganat-Lösungen zersetzen sich allmählich unter O_2 Abgabe zu MnO_2. $KMnO_4$ hat große Bedeutung in der analytischen Chemie (Manganometrie), da man die violette Farbe noch in kleinsten Konzentrationen erkennt, das reduzierte Mn^{2+} dagegen farblos ist. Technisch wird es in vielen Bereichen zum Bleichen und zum Desodorieren verwendet. Eine verdünnte Lösung von $KMnO_4$ wirkt desinfizierend.

7.1.1 Stufenweise Reduktion von Kaliumpermanganat

Geräte:
2 Standzylinder je 250 ml, 2 Bechergläser 600 ml und 50 ml, Magnetrührer, 25-ml-Bürette, Glasstäbe
Chemikalien:
6M NaOH (60g in 250 g H_2O), 0,1%ige H_2O_2-Lösung (1ml 30%iges H_2O_2 in 350 ml H_2O), 6M Essigsäure (36 ml konz. Essigsäure mit Wasser auf 100 ml auffüllen), 0,025 g $KMnO_4$ in 1 ml Wasser lösen), Eis
Durchführung und Beobachtung:
Die Natronlauge kühlt man auf 0°C und gibt dann die Kaliumpermanganat-Lösung hinzu. Unter ständigem Rühren tropft man aus der Bürette H_2O_2 zu, bis eine Farbänderung ins dunkelgrüne erfolgt. Mit dieser Lösung füllt man einen der Standzylinder bis zur Hälfte und überschichtet mit 10 cm Essigsäure. Rührt man mit dem Glasstab die obere Phase vorsichtig

um, so nimmt diese die rötlichen Farbtöne von Kaliumpermanganat und Braunstein an, wobei sich das violett des Permanganats unterhalb des Braunsteins bildet.

Nun tropft man weiteres Wasserstoffperoxid zu der alkalischen Lösung im Becherglas, bis die Lösung blau wird. Mit dieser Lösung füllt man nun den zweiten Standzylinder bis zur Hälfte. Dann wird mit 10 ml Essigsäure überschichtet. Die obere Phase wird vorsichtig mit einem Glasstab umgerührt, bis sie sich grün färbt. Ein weiteres Mal wird überschichtet mit 10 ml Essigsäure und die obere Phase umgerührt, bis sie die violette Farbe des Permanganats annimmt.

Auswertung und Interpretation:
In stark alkalischer Lösung wird zunächst das MnO_4^--Ion durch Wasserstoffperoxid zum grünen Manganat(VI)-Ion MnO_4^{2-} reduziert.

$$MnO_4^- + e^- \rightarrow MnO_4^{2-}$$

Wird dann mit Essigsäure weiter angesäuert, wird das Manganat(VI)-Ion disproportioniert in Permanganat und MnO_2.

$$3\ MnO_4^{2-} \rightarrow 2\ MnO_4^- + MnO_2 + H_2O$$

Die weitere Zugabe von Wasserstoffperoxid zum Manganat(VI)-Ionen führt zum blauen, recht instabilen MnO_4^{3-}-Ion, das sich im sauren Milieu zurück in das grüne Manganat(VI)-Ion umwandelt.

$$MnO_4^{2-} + e^- \rightarrow MnO_4^{3-}$$
$$MnO_4^{3-} \rightarrow MnO_4^{2-} + e^-$$

Dieses geht bei weiterem Ansäuern in das purpurrote Permanganat und das gelbbraune Braunstein über.

$$3\ MnO_4^{2-} \rightarrow 2\ MnO_4^- + MnO_2 + H_2O$$

7.1.2 Oxidationswirkung von Permanganat in Abhängigkeit vom PH-Wert

Geräte:
3 Reagenzgläser

Chemikalien:
0,1M $KMnO_4$-Lösung (15,8g $KMnO_4$ pro 1000 ml H_2O), 1M Na_2SO_3 - Lösung (102g auf 1000 ml H_2O)
verd. H_2SO_4, verd. $NaOH$, H_2O

Durchführung:
Das erste Reagenzglas wird $\approx$ 2 cm mit einer schwefelsauren Lösung, das zweite mit Wasser und das dritte mit einer Natronlaugen-Lösung gefüllt. In jedes Reagenzglas gibt man nun jeweils einige Tropfen 0,1M Kaliumpermanganat-Lösung und anschließend ein paar Tropfen 1M Natriumsulfit-Lösung.

Beobachtung:
Die saure Lösung entfärbt sich, die neutrale Lösung färbt sich braun und die alkalische Lösung färbt sich türkis.

Auswertung und Interpretation:
Die Oxidationswirkung des Permanganats ist in wäßriger Lösung stark pH abhängig.

$$MnO_4^- + 8\ H_3O^+ + 5\ e^- \rightarrow Mn^{2+} + 12\ H_2O \quad \textit{(sauer)}$$
$$MnO_4^- + 2\ H_2O + 3\ e^- \rightarrow MnO_2 + 4\ OH^- \quad \textit{(neutral bis schwach alkalisch)}$$
$$MnO_4^- + e^- \rightarrow MnO_4^{2-} \quad \textit{(alkalisch)}$$

(Hinweis: bei Überschuß an Permanganat-Ionen entsteht auch in saurer Lösung MnO_2, da MnO_4^- das Mn^{2+}-Ion gemäß $2\ MnO_4^- + 3\ Mn^{2+} + 2\ H_2O \rightarrow 5\ MnO_2 + 4\ H^+$ zu MnO_2 oxidiert und dabei selbst zu MnO_2 reduziert wird)

Der Fakt, daß bei Oxidationsreaktionen in saurer Lösung die intensiv violette Farbe des Permanganats durch die sehr schwache Farbe des Mn^{2+}-Ions ersetzt wird, kann man mit Permanganat in saurer Lösung ohne Indikator titrieren (Manganometrie) und auf diese Weise z.B. *Wasserstoffperoxid ($H_2O_2 \rightarrow O_2 + 2 H^+ + 2 e^-$), schwefelige Säuren oder Oxalsäure ($C_2O_4^{2-} \rightarrow 2 CO_2 + 2 e^-$).* Man kann auch Titrationen in neutraler oder alkalischer Lösung durchführen.

7.1.3 Autokatalyse von Permanganat mit H_2O_2

Geräte:
2 Erlenmeyerkolben 250 ml, 2 Glasstäbe,
Chemikalien:
Verdünnte $KMnO_4$- Lösung, verd. H_2SO_4, 30%ige H_2O_2-Lösung, verd. NaOH, $MnSO_4$
Durchführung:
Die verdünnte Kaliumpermanganat-Lösung wird mit Schwefelsäure angesäuert und mit etwa 5 ml der H_2O_2-Lösung versetzt. In den einen Erlenmeyerkolben gibt man zusätzlich eine Spatelspitze Mangansulfat.
Beobachtung:
Die Lösungen entfärben sich langsam (benötigen einige Minuten), wobei sich die Lösung mit dem Mangansulfat schneller entfärbt.
Auswertung und Interpretation:
H_2O_2 wirkt hier als Reduktionsmittel!!! Das Permanganat-Ion (VII) wird zum Mn(II)-Ion reduziert. Die bei der Reduktion entstehenden Mn^{2+}-Ionen wirken katalytisch auf die Reaktion und beschleunigen diese. Gibt man schon am Anfang der Reaktion Mn^{2+}-Ionen zu der Lösung hinzu, wirken diese als zusätzlicher Katalysator.
$$2 MnO_4^- + 5 H_2O_2 + 6 H^+ \rightarrow 2 Mn^{2+} + 8 H_2O + 5 O_2$$

7.1.4 Blitze unter Wasser (Oxidation von Ethanol durch $KMnO_4$ in saurer Lösung)

Geräte:
Reagenzglas, Stativ mit Halterungen, 2 Bechergläser je 500 ml
Chemikalien:
$KMnO_4$, konz. H_2SO_4, Ethanol
Durchführung:
Vorsicht!!! Bei Temperaturen um 100°C oxidiert Dimanganheptoxid explosionsartig organische
Substanzen, so auch Alkohole. Eine Selbsterhitzung des Systems ist deshalb vor dem Eintragen des
$KMnO_4$ unbedingt zu vermeiden.
Das Reagenzglas wird senkrecht in das Stativ gespannt, dabei soll es bis zur Hälfte in ein mit Leitungswasser gefülltes Becherglas getaucht sein. Dann wird das Glas 2 cm hoch mit konz. Schwefelsäure gefüllt. Anschließend wird mit der gleichen Menge Ethanol überschichtet. Unter allen Umständen muß eine Erwärmung durch die Vermischung beider Substanzen vermieden werden. Zum Schluß wirft man ein etwa 3 mm langes Kaliumpermanganatkriställchen in das Reagenzglas.
Beobachtung:
Nach kurzer Zeit beobachtet man an der Grenzfläche der Flüssigkeiten unter knisternden Geräusche gelbe, blitzähnliche Funken. Allmählich färbt sich die untere Phase grün, an der

Phasengrenze braun. Die Versuchsdauer kann bis zu 15 min betragen, wobei das Auftreten der Blitze völlig unberechenbar bleibt.

Auswertung und Interpretation:
Das Kaliumpermanganatkriställchen sinkt durch das Ethanol durch in die Schwefelsäure. Dort reagiert es mit der Säure zu Permangansäure:

$$KMnO_4 + H^+ \rightarrow HMnO_4 + K^+$$

Diese reagiert weiter unter Wasserabspaltung zu Dimanganheptaoxid, dem grün-metallischen Anhydrid der Permangansäure. Dieses ist viel instabiler als das Permanganat-Ion, was der Grund ist daß das Anhydrid reagiert, nicht aber schon das Permanganat, wenn es Kontakt hat mit Schwefelsäure:

$$HMnO_4 \rightarrow Mn_2O_7 + H_2O$$

Das Dimanganheptaoxid steigt nun nach oben und oxidiert in heftiger Reaktion das Ethanol, wobei es selber zu Braunstein reduziert wird:

$$2 Mn_2O_7 \rightarrow 4 MnO_2 + 3 O_2$$

Entsorgung:
Vor der Entsorgung sollte man warten, bis das System zu Ende reagiert hat. Danach wird ganz **vorsichtig** mit dem Glasstab umgerührt und abgewartet, bis sich das System wieder beruhigt hat. So wird verfahren, bis keine weitere Reaktion mehr auf das Umrühren erfolgt. Dann rührt man die Reagenzglasinhalte nach dem Abkühlen in ein Becherglas mit kaltem Wasser ein. Vorsicht, es kann immer noch reagieren und blitzen. Auch kann sich eine Flamme an der Öffnung des Reagenzglases bilden. Dann wie gewohnt entsorgen.

7.1.5 Feuer ohne Streichholz (Oxidation von Glycerin durch Kaliumpermanganat)

Geräte:
Mörser mit Pistill, Tropfpipette, Abdampfschale

Chemikalien:
10 g $KMnO_4$, 5 ml Glycerin

Durchführung:
Man zerreibt das Kaliumpermanganat im Mörser und gibt es dann in die Abdampfschale. Dort formt man es zu einem Haufen und macht mit Hilfe eines Spatels eine Mulde. Dann tropft man vorsichtig 2 ml Glycerin in die Mulde des Kaliumpermanganats.

Beobachtung:
Bereits nach wenigen Sekunden entwickelt sich weißer Rauch, dem ein starker Funkenflug, begleitet von Knistern, mit purpurroter Flamme folgt. Die Reaktion ist sehr heftig.

Auswertung und Interpretation:
Das Glycerin wird durch das Kaliumpermanganat oxidiert. Die anfangs langsame Reaktion beschleunigt sich in dem Maße, wie das System Wärme entwickelt und schließlich Feuer fängt. Der grüne Rückstand ist vermutlich Kaliummanganat (K_2MnO_4). Der dunkelbraune bis schwarze Rest ist ein Gemisch aus Braunstein (MnO_2) und Manganit (Mn_2O_3). Bei dem weißen Produkt handelt es sich um Kaliumcarbonat (K_2CO_3), das aus dem Oxidationsprodukt CO_2 des Glycerins entsteht.

Entsorgung:

Der Rückstand wird mit Wasser aufgeschwemmt, dann angesäuert und schließlich in den Sammelbehälter für Manganabfälle gegeben.

Und zum Schluß:

Aus den vorgeführten Versuchen ergibt sich die Entsorgung von selbst. Mit verdünnter Schwefelsäure und Na_2SO_3 lassen sich alle Abfälle zu Mn^{2+} reduzieren.

8 Literaturverzeichnis

BUKATSCH; GLÖCKNER (1977): *Experimentelle Schulchemie*. Band 3. Aulis Verlag Deubner & CoKG.

CHRISTEN, Hans Rudolf (1988): *Grundlagen der allgemeinen und anorganischen Chemie*. 9. Auflage.Otto Salle Verlag GmbH & Co., Frankfurt am Main. Verlag Sauerländer AG, Aarau.

HOLLEMANN, A. F.; WIBERG, Egon (1995): *Lehrbuch der Anorganischen Chemie*. 34. Edition, 101. Auflage. Walter de Gruyter, Berlin; NewYork.

KEUNE, H.; FILBRY, W. (1976): *Chemische Schulexperimente*. Band 2. Anorganische Chemie, erster Teil. 1. Auflage. Volk und Wissen, Volkseigener Verlag Berlin.

KREIßL, F. R.; KRÄTZ, O. (1999):*Feuer und Flamme, Schall und Rauch. Schauerexperimente und Chemiehistorisches.*Willey-VCH Verlag GmbH, Weinheim.

ROESKY, H. W.; MÖCKEL, K. (1996): *Chemische Kabinettstücke*. 1.korrigierter Nachdruck der 1.Auflage. VCH Verlagsgesellschaft mbH, Weinheim.

BEI GRIN MACHT SICH IHR
WISSEN BEZAHLT

- Wir veröffentlichen Ihre Hausarbeit,
  Bachelor- und Masterarbeit

- Ihr eigenes eBook und Buch -
  weltweit in allen wichtigen Shops

- Verdienen Sie an jedem Verkauf

Jetzt bei www.GRIN.com hochladen
und kostenlos publizieren